高等学校给排水科学与工程本科指导性专业规范

高等学校给水排水工程学科专业指导委员会　编制

U0196238

中国建筑工业出版社

图书在版编目(CIP)数据

高等学校给排水科学与工程本科指导性专业规范/高等学校给水排水工程
学科专业指导委员会编制. —北京：中国建筑工业出版社，2012.11
ISBN 978-7-112-14857-8

Ⅰ．①高… Ⅱ．①高… Ⅲ．①给水工程—课程标准—高等学校
②排水工程—课程标准—高等学校 Ⅳ．①TU991-41②TU992-41

中国版本图书馆 CIP 数据核字(2012)第 268250 号

责任编辑：王 跃 王美玲
责任设计：张 虹
责任校对：王誉欣 陈晶晶

高等学校给排水科学与工程本科指导性专业规范
高等学校给水排水工程学科专业指导委员会 编制

*

中国建筑工业出版社出版、发行(北京西郊百万庄)
各地新华书店、建筑书店经销
北京天成排版公司制版
廊坊市海涛印刷有限公司印刷

*

开本：787×1092 毫米 1/16 印张：3¼ 字数：76 千字
2012 年 11 月第一版 2018 年 5 月第三次印刷
定价：15.00 元
ISBN 978-7-112-14857-8
(22933)

关于同意颁布《高等学校给排水科学与工程本科指导性专业规范》的通知

高等学校给水排水工程学科专业指导委员会：

根据我部和教育部的有关要求，由你委组织编制的《高等学校给排水科学与工程本科指导性专业规范》，已通过了住房城乡建设部人事司、高等学校土建学科教学指导委员会组织的专家评审，现同意颁布。请指导有关学校认真实施。

中华人民共和国住房和城乡建设部人事司
住房和城乡建设部高等学校土建学科教学指导委员会
二〇一二年十一月十二日

前　　言

给排水科学与工程专业(原给水排水工程专业，以下同)作为我国给水排水行业高级人才培养和科技发展的重要支撑，在国民经济与社会发展中发挥了重要作用。近年来，给排水科学与工程专业的办学规模迅速扩大、办学水平不断提高，2011年底全国已有122所高校(155个专业点)设有给排水科学与工程本科专业，且数量不断增加。为适应高等教育的快速发展，同时进一步加强给排水科学与工程专业的规范化办学，突出各类高校的办学特色，培养适应社会需求的专门人才，住房城乡建设部于2009年1月将"给水排水工程专业发展战略与专业规范研究"列为教学改革重点项目，委托高等学校给水排水工程学科专业指导委员会(以下简称指导委员会)编制《高等学校给水排水工程本科指导性专业规范》及《给水排水工程专业发展战略研究报告》(由于2012年教育部修订颁布了《普通高等学校本科专业目录》(2012年)，专业名称由"给水排水工程"改为"给排水科学与工程"，所以名称改为《高等学校给排水科学与工程本科指导性专业规范》、《给排水科学与工程专业发展战略研究报告》，以下简称为《专业规范》、《专业发展战略研究报告》)。

指导委员会于2009年和2010年在北京、长沙、广州、上海先后召开了4次专业规范编制与专业发展战略研究工作会议，期间形成《专业规范》与《专业发展战略研究报告》讨论稿，并由指导委员会向国内相关高校广泛征求意见，同时由给水排水工程专业评估委员会征求工程界专家的意见。在此基础上，又经过多次讨论与修改形成了《专业规范》和《专业发展战略研究报告》报批稿。2011年4月2日《专业规范》和《专业发展战略研究报告》通过了高等学校土建学科教学指导委员会主持的专家评审验收。根据验收专家组评审意见及教育部高教司关于进一步修改本科专业介绍有关内容的要求，2012年8月在合肥召开的给水排水工程学科专业指导委员会第五届第三次会议对《专业规范》及《专业发展战略研究报告》进一步进行了修改与完善。

《专业规范》是国家教学质量标准的一种表现形式，是国家对本科教学质量的最基本要求。本规范的编制依据教育部《高等学校理工科本科指导性专业规范研制要求》，并遵循以下基本原则：(1)多样化与规范性相统一，一方面坚持基本的专业标准，提出了本科办学和教学质量的最基本要求；另一方面又留有空间，鼓励各校突出特色，实施多样化人才培养；(2)拓宽专业口径，主要体现在《专业规范》中宽口径的教学要求；(3)规范内容最小化，控制核心知识和实验技能所占总学时和学分的比例，为不同学校制订特色培养方案留出空间；(4)核心要求最低标准，规范针对全国多数学校的实际情况提出专业办学的基本要求，在规范实施过程中，不同学校可在基本要求的基础上增加本校的特色内容，制订本校的专业培养方案和教学质量标准。

本规范首次系统地在给排水科学与工程专业的教学体系、教学内容、基本教学条件等方面做了明确的规定，充分体现了给排水科学与工程专业建设与发展的总体要求，对全国各类高校给排水科学与工程专业办学的规范化、特色化及提高教育质量具有重要的指导意义；《专业规范》还附有《专业发展战略研究报告》，为全国相关高校给排水科学与工程专业的办学与改革，提供了具有重要参考价值的思路与对策，对全国给排水科学与工程专业的建设与发展具有重大作用。

本规范主要编制单位：哈尔滨工业大学、清华大学、同济大学、重庆大学、（以下排名不分先后）兰州交通大学、山东建筑大学、青岛理工大学、桂林理工大学、广州大学、北京建筑工程学院、河海大学、湖南大学、华中科技大学、长安大学、苏州科技学院、西安建筑科技大学、北京工业大学、太原理工大学。

本规范主要编制人员：崔福义、张晓健、高乃云、张智、李伟光、李圭白、张杰、（以下按姓氏笔画排序）王龙、王三反、王增长、邓慧萍、吕谋、刘遂庆、李广贺、何强、张勤、张毅、张学洪、张维佳、张朝升、张雅君、陈卫、胡洪营、施周、袁一星、高俊发、唐兴荣、陶涛、黄勇、黄廷林、崔崇威、彭永臻。

高等学校给水排水工程学科专业指导委员会
主任委员　崔福义
2012 年 10 月 22 日

目　　录

一、专业说明

　　给排水科学与工程专业是高等学校本科专业目录中工学门类土木工程类的四个本科专业之一。该专业原名称为给水排水工程专业，于 1952 年设立，2006 年部分院校将该专业更名为给排水科学与工程。2012 年教育部修订颁布的《普通高等学校本科专业目录》（2012 年）将"给水排水工程"和"给排水科学与工程"专业名称统一确定为"给排水科学与工程"（专业代码 081003）。

　　该专业培养从事给水排水工程规划、设计、施工、运行、管理、科研和教学等工作的高级工程技术人才，服务于水资源利用与保护、城镇给水排水、建筑给水排水、工业给水排水和城市水系统等领域。

二、培养目标

　　给排水科学与工程专业培养适应我国社会主义现代化建设需要，德、智、体、美全面发展，具备扎实的自然科学与人文科学基础，具备计算机和外语应用能力，掌握给排水科学与工程专业的理论知识，获得工程师基本训练并具有创新精神的高级工程技术人才。毕业生应具有从事给水排水工程有关的工程规划、设计、施工、运营、管理等工作的能力，并具有初步的研究开发能力。

三、培养规格

　　给排水科学与工程本科专业人才培养规格涵盖了素质、能力、知识三方面的要求。

（一）素质要求

　　思想素质：初步树立科学的世界观和正确的人生观，具有敬业爱岗、热爱劳动、遵纪守法、团结合作的品质，愿为人民服务，有为国家富强、民族昌盛而奋斗的责任感。

　　文化素质：具有基本的人文社会科学知识，在哲理、情趣、品味、人格等方面具有一定的修养，具有良好的思想品德、社会公德和职业道德。

　　专业素质：具有一定的科学素养，有较强的工程意识、经济意识、创新意识。

　　身心素质：保持心理健康，乐观豁达，积极向上。养成锻炼身体的良好习惯，达到国家规定的大学生体育合格标准，具有健康的体魄，能够承担建设祖国的任务。

（二）能力要求

　　获取知识的能力：具有综合应用各种方法查阅文献和资料、获取信息、拓展知识领域、继续学习提高综合素质的能力。

应用知识的能力：掌握一门外国语，具有阅读本专业外文书刊、技术资料和听说写译的初步能力。具有应用语言、文字、图形和计算机技术等进行工程表达和交流的能力。具有较熟练地应用所学专业知识和理论解决工程实际问题的能力，具有能够从事给水排水系统的规划、设计、施工、运行、管理与维护的能力。

创新能力：初步具有科学研究和应用技术开发的能力。

（三）知识要求

人文社会科学知识：具有基本的人文社会科学知识和素养，掌握必要的哲学、经济学、法律等方面的知识，在文学、艺术、伦理、历史、社会学及公共关系学等方面有一定的修养，具有一定的人文素质和社会交往能力。

自然科学知识：具有较为扎实的自然科学基础理论，为专业基础课和专业课的学习打下坚实基础。掌握高等数学及工程数学的基本理论，掌握大学物理的基本理论及其应用，掌握无机化学、有机化学和物理化学的基本原理及其实验方法和实验技能，了解信息科学的基本知识和有关技术，了解现代科学技术发展的主要趋势和应用前景。并通过相关基础理论课程的学习，培养科学的思维方法，初步具有合理抽象、逻辑推理和分析综合的能力。

专业知识：掌握给排水科学与工程的基础理论知识，包括：水力学、工程力学、水文学和水文地质学、水处理生物学、水分析化学、泵与泵站；掌握工程制图、工程测量的基本知识和技能；熟悉电工、电子学和自动控制的基本知识；掌握解决本专业工程技术问题的理论和方法，包括：水资源利用与保护、水质工程学、给水排水管网系统、建筑给水排水工程的基本原理与设计方法；熟悉给水排水工程结构、材料与设备的基础知识，熟悉工艺系统的控制原理，熟悉给水排水工程施工和运营管理的知识和方法；了解给水排水工程发展历史、相关学科的基本知识及其与本专业的关系。了解工程规划、工程设计的相关程序和有关文件要求；了解本专业有关的法律、法规、标准和规范。

四、专业知识体系

对于培养规格提及的三方面知识的要求，本规范侧重说明专业知识的内容，下面分别说明。

（一）知识体系概述

给排水科学与工程专业的知识体系划分为知识领域、知识单元及知识点三个层次。给排水科学与工程专业知识体系和核心知识领域见表1。

序号	知识体系	核心知识领域
1	人文社会科学知识	外国语、哲学、政治、经济、历史、法律、心理学、社会学、体育、军事
2	自然科学知识	工程数学、普通物理学、普通化学、计算机技术与应用
3	专业知识	专业理论基础、专业技术基础、水质控制、水的采集和输配、水系统设备仪表与控制、水工程建设与运营

知识体系由若干知识领域组成，知识领域又分割成知识单元，代表该知识领域内的不同组成部分，知识单元由若干知识点组成。知识单元是本专业学生必须学习的基础内容，并规定了核心学时数。知识点是知识体系结构中的最底层，代表相关知识单元中的单独主题模块。对每个知识点学习要求，由高到低依次分为掌握、熟悉和了解三个程度。

（二）核心知识领域

本规范共确定了专业知识体系的6个核心知识领域，见附件一中的附表1-1。

（三）知识单元

专业知识体系中每个核心知识领域下涵盖的知识单元、学时及知识点详见附件一中的附表1-2～附表1-7。

本规范规定的知识单元核心学时为各高校执行的最低学时限值，其相应的知识单元内容是给排水科学与工程专业本科生获得学士学位必须具有的知识。知识单元中的知识点和核心学时并不能完全代表该知识单元的全部内容和要求，在具体实践中各高校可根据自身办学特点适当增加教学内容和教学时数，但其教学计划中必须包括本规范规定的知识单元的教学内容。

五、专业教学内容

（一）专业理论教学

给排水科学与工程专业的理论教学按专业知识体系的6个核心知识领域展开：

（1）专业理论基础

（2）专业技术基础

（3）水质控制

（4）水的采集和输配

（5）水系统设备仪表与控制

（6）水工程建设与运营

本规范在专业知识体系中设置的6个核心知识领域由116个知识单元、485个知识点、共计 429 个核心学时组成，对应 16 门推荐课程。遵循专业规范内容最小化的原则，上述核心知识领域中的知识单元和知识点作为给排水科学与工程专业的必备知识。在此基础上，各学校应选择一些反映学科前沿及学校特色的系列课程，构建各高校给排水科学与工程专业的课程体系。

（二）专业实践教学

实践教学体系分实践环节、实践单元、知识技能点三个层次。实践教学有课程实验、实习、设计和社会实践以及科研训练等多种形式，包括非独立设置和独立设置的基础、专业基础和专业课的实践教学环节；而对于每一个实践环节都应有相应的知识点和相关技能的要求。通过实践教学，学生具有实验技能、工程设计和施工的能力及科学研究的初步能力等。

本规范规定的实践教学内容由实验、实习和设计三个实践环节组成，具体内容见附件二中的附表 2-1。

1. 实验

实验教学一方面向学生传授实验基础理论知识，包括仪器仪表的工作原理、测量方法、误差分析、实验原理等，另一方面训练学生的基本实验技能，包括仪器设备的操作使用、维护、实验内容的设计与实验数据的整理等。本规范所规定的实验环节的核心实践单元、知识技能点及最少学时数见附件二中的附表 2-2。

2. 实习

通过实习教学环节，学生学习给水排水工程设施的施工、运行、维护与管理知识，学习现行的有关规范、标准与规程。本规范规定的实习内容及最少实习周见附件二中的附表 2-3。

3. 课程设计

通过课程设计，本科生加大对专业知识的理解与认识，学习有关设计规范与技术标准，掌握工程设计的基本方法，培养工程设计的能力。本规范所规定的课程设计及最少设计周见附件二中的附表 2-4。

4. 毕业设计（论文）

毕业设计（论文）是实践教学的重要环节，也是本科生动手能力的综合训练。在毕业设计（论文）中，本科生要接受综合应用所学知识、分析解决给水排水工程基本问题能力的训练。

本规范规定的毕业设计（论文）内容及最少设计周见附件二中的附表 2-4。

（三）创新能力训练

创新能力训练可结合知识单元、知识点，融入创新的教学方式，强调学生创新思维、创新方法和创新能力的培养，提出创新思维、创新方法、创新能力的训练目标，构建形式多样的创新训练单元。创新能力训练应在全部本科生的教学和管理工作中贯彻和实施，包括：以知识体系和实践环节为载体，通过授课、实验、实习和设计等环节培养学生创新意识；开设有关创新思维、创新能力培养和创新方法的相关课程；提倡和鼓励学生参加创新活动。

六、专业的基本教学条件

（一）师资队伍

应具有知识结构合理的专业师资队伍，有专业理论基础、专业技术基础、水质控制、水的采集和输配、水系统设备仪表与控制、水工程建设与运营等方面的专任教师；本学校教师能独立承担全部专业基础课和专业课的教学，其中专业课教师原则上应是给排水科学与工程专业或相关专业毕业的研究生。

专任教师必须具备高校教师资格，职称结构与年龄结构合理，具有硕士以上学位和讲师以上职称的教师占专任教师的比例不低于85％。

设有专业教学机构，担任主要专业基础课和专业课的专任教师人数10人以上，每名教师指导的毕业设计(论文)学生人数不宜超过10人。

专业课教师应有一定的实践经验和相对稳定的教学方向。

（二）教材

选用的教材应符合本专业培养目标和基本规格的要求，优先选用由专业指导委员会组织编写的国家级、省部级规划教材和专业指导委员会推荐教材，专业课程使用最新版教材的比例应不低于50％，适当选用多媒体教材。

（三）图书资料

图书资料除了符合教育部关于高等学校本科专业设置必备的有关条件外，还应满足如下要求：

（1）本专业相关书籍5000册以上，专业期刊50种以上(包括电子期刊)，有一定数量的外文专业期刊；

（2）本专业有关的主要现行法律法规、标准、规范和设计手册等文件资料；

（3）反映实际工程特点的工程设计图纸、相关资料和文件；

（4）提供网络环境下的信息服务；

（5）保证一定的图书资料更新比例。

（四）实验室

应设有专业基础课和专业课实验室，满足本规范附表2-2所列实验单元的教学要求。

实验室设备拥有率应满足操作性实验每组不多于5人、演示性实验每组不多于20人；仪器设备完好；有健全的实验室管理制度。

应保证一定数额的年度实验经费，用于耗材补充和实验仪器设备必要的更新。

（五）实习基地

应设有相对稳定的校外实习基地 3 个以上，包括水厂、污水处理厂等，满足本规范附表 2-3 所列实习单元的基本要求；有健全的实习基地管理制度。

有一定数量的专业技术人员担任校外实习指导教师。

（六）教学经费

教学经费应能保证教学工作的正常进行。

对于新建专业，应有一定数额的新建专业建设经费。

（七）主要参考指标

(1) 主要专业基础课和专业课的专任教师人数 10 人以上；

(2) 具有硕士以上学位和讲师以上职称的教师占专任教师的比例不低于 85％；

(3) 每名教师指导的毕业设计（论文）学生人数不宜超过 10 人；

(4) 有关给排水科学与工程的专业书籍 5000 册以上；

(5) 专业期刊 50 种以上（包括电子期刊），有一定数量的外文专业期刊；

(6) 实验室设备拥有率应满足操作性实验每组不多于 5 人、演示性实验每组不多于 20 人；

(7) 有相对稳定的校外实习基地 3 个以上。

七、附件

附件一

给排水科学与工程专业知识体系中的核心知识领域、知识单元和知识点

专业知识体系中的核心知识领域 　　　　　　　　　　　　　　附表 1-1

序号	核心知识领域	知识单元	知识点	推荐课程	核心学时
1	专业理论基础	30	127	水分析化学、水处理生物学、工程力学、水力学	133
2	专业技术基础	20	73	水文学与水文地质学、土建工程基础、给排水科学与工程概论	56
3	水质控制	17	85	水质工程学	64
4	水的采集和输送	22	103	泵与泵站、水资源利用与保护、给水排水管网系统、建筑给水排水工程	108
5	水系统设备仪表与控制	9	40	水工艺设备基础、给排水工程仪表与控制	36
6	水工程建设与运营	18	57	水工程施工、水工程经济	32
	总计	116	485	16 门	429

知识单元		知识点			核心学时
序号	描述	序号	描述	要求	
1	水质指标与标准体系	1	水分析化学的任务与分类、水质指标与水质标准	掌握	4
		2	水样的保存和预处理、取样与分析方法的选择	掌握	
		3	分析方法的评价、加标回收率实验设计、相对标准偏差	掌握	
		4	标准溶液与物质的量浓度	掌握	
		5	实验用水、试剂分级、实验室质量控制	熟悉	
2	酸碱滴定	1	酸碱质子理论、酸碱指示剂	掌握	2
		2	酸碱滴定曲线和指示剂选择、缓冲溶液	掌握	
		3	碱度的测定及计算	掌握	
3	络合滴定	1	EDTA 金属络合物的结构特征、稳定性	掌握	4
		2	pH 对络合滴定的影响、酸效应、条件稳定常数与酸效应曲线	掌握	
		3	金属指示剂作用原理、僵化作用与封闭作用	掌握	
		4	提高络合滴定选择性、络合滴定的方式与应用	掌握	
4	沉淀滴定	1	沉淀溶解平衡与影响因素	熟悉	2
		2	沉淀滴定法的应用（莫尔法原理与滴定条件）	掌握	
5	氧化还原滴定	1	氧化还原反应的特点、提高氧化还原反应速度的方法	熟悉	6
		2	氧化还原平衡与电极电位的应用	掌握	
		3	氧化还原指示剂、高锰酸钾法、重铬酸钾法	掌握	
		4	碘量法（余氯、溶解氧）的测定与计算、溴酸钾法	掌握	
6	电化学分析	1	电位分析法（指示电极、参比电极、pH 测定）	掌握	2
		2	电导分析法	熟悉	
7	分子吸收光谱	1	吸收光谱（朗伯—比尔定律、吸收光谱曲线）	掌握	4
		2	显色反应与影响因素	掌握	
		3	分光光度计的工作原理与使用方法	熟悉	
		4	吸收光谱法的定量方法	掌握	
		5	天然水中铁的测定	熟悉	
8	细菌的形态和结构	1	细菌的形态与大小	掌握	2
		2	细菌细胞结构	熟悉	
		3	菌落特征	了解	
9	细菌的生理特性	1	细菌的营养	掌握	6
		2	酶及其作用	熟悉	
		3	细菌的呼吸	掌握	
		4	环境因素对细菌生长的影响	掌握	
10	细菌的生长和遗传变异	1	细菌的生长及其特性	掌握	4
		2	细菌计数和细菌生长测定方法	掌握	
		3	细菌的遗传与变异	熟悉	

知识单元		知识点			核心学时
序号	描述	序号	描 述	要求	
11	病毒与噬菌体	1	病毒的基本特征与生理特性	熟悉	1
12	丝状菌与真核微生物	1	放线菌、光合细菌	了解	3
		2	真菌、藻类	熟悉	
		3	原生动物与后生动物	熟悉	
13	水的卫生细菌学	1	水中的病原细菌	掌握	2
		2	大肠菌群及其测定方法	掌握	
		3	水中病原微生物的控制方法	掌握	
		4	水中的病毒及其检验	了解	
14	废水生物处理中的微生物	1	污染物的降解与转化基本规律	掌握	6
		2	典型有机物的生物降解途径	掌握	
		3	无机元素的生物转化	掌握	
		4	典型废水生物处理方法及其微生物特性	熟悉	
15	静力学基础	1	力、平衡、刚体、力偶、滑动摩擦力	了解	4
		2	约束与约束反力	掌握	
		3	力的平移与力系的简化	掌握	
		4	受力分析与受力图	掌握	
16	力系的平衡	1	平衡条件	掌握	6
		2	平面力系	掌握	
		3	物体系统的平衡问题	掌握	
		4	空间力系、重心	熟悉	
		5	静定与静不定的概念	了解	
17	杆件的内力	1	可变形固体的基本假设	了解	4
		2	杆件的基本变形	掌握	
		3	内力	掌握	
18	杆件横截面上的应力	1	应力和应变的概念	了解	4
		2	胡克定律	熟悉	
		3	简单拉压杆的正应力	掌握	
		4	对称截面梁的弯曲正应力	掌握	
		5	对称截面梁的弯曲切应力	掌握	
		6	圆轴的扭转切应力	掌握	
19	材料的力学性能	1	低碳钢等材料在拉伸和压缩时的力学性能	了解	1
20	杆件的强度计算	1	强度失效形式	了解	5
		2	强度设计计算准则	熟悉	
		3	简单拉压杆的强度计算	掌握	
		4	圆轴扭转时的强度计算	掌握	

知识单元		知识点			核心学时
序号	描述	序号	描　　述	要求	
20	杆件的强度计算	5	对称截面梁的正应力强度计算和切应力强度计算	掌握	5
		6	杆件强度的合理设计	熟悉	
21	杆件的位移与刚度计算	1	简单拉压杆的变形计算	掌握	4
		2	圆截面轴的扭转变形计算	掌握	
		3	梁的弯曲变形计算	掌握	
		4	组合变形	了解	
		5	刚度设计计算准则	掌握	
		6	杆件刚度的合理设计	熟悉	
22	运动学	1	点的运动的描述方法	熟悉	4
		2	点的速度和加速度	掌握	
		3	点的合成运动的概念	掌握	
		4	点的速度合成定理	掌握	
		5	点的加速度合成定理	熟悉	
		6	刚体基本运动	掌握	
		7	刚体平面运动	掌握	
		8	平面图形内各点的速度	掌握	
		9	平面图形内各点的加速度	熟悉	
23	动力学	1	动量、冲量、动量矩、转动惯量	熟悉	6
		2	动量定理、质心运动定理	掌握	
		3	动量矩定理	掌握	
		4	刚体绕定轴的转动微分方程	掌握	
		5	刚体的平面运动微分方程	掌握	
		6	功、动能、势能、机械能	熟悉	
		7	动能定理	掌握	
		8	机械能守恒定律	掌握	
		9	动力学普遍定理的综合应用	熟悉	
24	动静法	1	惯性力的概念	了解	2
		2	质点和质点系的达朗伯原理	掌握	
		3	刚体惯性力系的简化	掌握	
25	水静力学	1	水静压强及其性质、液体平衡微分方程	掌握	7
		2	重力场中液体静压强的分布	掌握	
		3	压强的计算标准和度量单位、液柱式测压计	熟悉	
		4	液体的相对平衡	熟悉	
		5	作用于平面壁上的静水总压力	掌握	
		6	作用于曲面壁上的静水总压力	掌握	

知识单元		知识点			核心学时
序号	描述	序号	描述	要求	
26	水动力学基础	1	描述液体运动的两种方法、欧拉法的基本概念	掌握	6
		2	连续性方程	掌握	
		3	伯努利方程	掌握	
		4	动量方程	掌握	
27	水头损失	1	水头损失的两种形式、液体流动的两种形态与雷诺实验	掌握	8
		2	均匀流动基本方程、圆管中的层流运动	掌握	
		3	紊流的脉动值与时均法值、圆管中的紊流运动	熟悉	
		4	尼古拉兹实验紊流的半经验与经验公式	掌握	
		5	工程管道的柯列勃洛克公式	掌握	
		6	非圆管的沿程水头损失、管道的局部水头损失	掌握	
28	有压流动	1	孔口与管嘴	了解	10
		2	简单管路	掌握	
		3	管路的串并联	掌握	
		4	管网计算基础、	熟悉	
		5	水击	熟悉	
29	明渠流动	1	明渠均匀流的水力特征与基本公式、明渠均匀流水力计算的基本问题	掌握	7
		2	梯形断面渠道的水力最优断面	熟悉	
		3	无压圆管的水力计算	熟悉	
		4	明渠非均匀流的基本概念与水面曲线分析	了解	
30	渗流	1	渗流现象与渗流模型、达西渗流定律	掌握	2
		2	恒定渐变渗流的裘布依公式	掌握	
		3	井、渗渠和井群的水力计算	熟悉	

专业技术基础知识领域的核心知识单元、学时及知识点　　　　附表 1-3

知识单元		知识点			核心学时
序号	描述	序号	描述	要求	
1	水文学一般概念与水文测验	1	水文现象的概念、特点与研究方法	掌握	3
		2	水分循环	掌握	
		3	水文学概念与范畴	熟悉	
		4	河流与流域基本概念及特性	了解	
		5	河川径流的形成过程、影响因素及其表示方法	掌握	
		6	流域的水量平衡	掌握	
		7	河川水文资料的观测及应用	掌握	

知识单元		知识点			核心学时
序号	描述	序号	描 述	要求	
2	水文统计基本原理与方法	1	频率与概率、经验频率曲线、理论频率曲线	了解	3
		2	水文频率分析方法	掌握	
		3	相关分析的应用	掌握	
3	年径流及洪、枯径流	1	设计年径流量及其年内分配	掌握	2
		2	设计洪水流量和水位	掌握	
		3	设计枯水流量和水位	掌握	
4	降水资料的收集与整理	1	降水的观测与特征、降水分布	了解	2
		2	点雨量资料的整理	掌握	
		3	暴雨强度公式的推求	掌握	
5	小流域暴雨洪峰流量的计算、城市降雨径流	1	设计净雨量的推求、流域汇流、暴雨洪峰流量的推理公式、地区性经验公式及水文手册的应用	熟悉	2
		2	城市化与城市暴雨径流、城市水文资料的收集、城市设计暴雨、城市降雨径流的水质特性与控制	掌握	
6	矿物与岩石、地质作用与地质构造	1	主要造岩矿物类型与特性	熟悉	2
		2	岩石的分类、成因与特征	掌握	
		3	地质年代、地壳运动、地质作用	掌握	
		4	岩层的产状与地质构造特征	掌握	
7	地形地貌与第四纪沉积地层、土的物理性质及其工程分类	1	地形与地貌	掌握	2
		2	第四纪及其沉积物	掌握	
		3	土的组成和构造	熟悉	
		4	土的物理性质指标与工程分类	掌握	
8	地下水的形成、运动	1	地下水的贮存与岩石水理性质	掌握	2
		2	地下水的物理性质和化学成分	熟悉	
		3	构成含水层的基本条件与地下水类型	掌握	
		4	地下水运动的特点及基本规律	掌握	
		5	地下水流向取水构筑物的稳定流运动、非稳定流运动	掌握	
		6	含水层水文地质参数的确定	掌握	
9	不同地貌地区地下水的分布规律	1	松散堆积物地区的孔隙水分布	掌握	2
		2	基岩地区的裂隙水分布	掌握	
		3	岩溶地区的地下水分布	掌握	
10	常用工程材料	1	钢筋的主要性质及适用范围	了解	3
		2	水泥的成分、主要特征、主要技术性质及适用范围	熟悉	
		3	混凝土的组成与材料要求、主要技术性质	掌握	
11	建筑物与构筑物的构造	1	基础的类型与构造以及与管道的关系	了解	3
		2	楼（地）面的类型与构造以及与管道的关系	掌握	
		3	屋顶的类型与构造以及与管道的关系	掌握	

知识单元		知识点			核心学时
序号	描述	序号	描 述	要求	
12	混凝土构件设计	1	钢筋和混凝土材料的主要物理力学性能	了解	12
		2	结构的可靠度、极限状态与使用表达式	熟悉	
		3	钢筋混凝土受弯构件正截面承载力计算、斜截面承载力计算、裂缝宽度与挠度验算	掌握	
		4	钢筋混凝土轴心受压和偏心受压构件承载力计算	掌握	
		5	钢筋混凝土轴心受拉和偏心受拉构件承载力计算	掌握	
13	基础设计	1	土中各种应力的分布与计算	熟悉	2
		2	浅基础的设计方法	掌握	
14	给排水科学与工程学科与水工业	1	水的自然循环和社会循环、节水、水的社会循环的工程设施、给排水科学与工程及其发展、水工业及其产业体系	了解	1
15	水的利用与水源保护概述	1	水资源的含义、特征以及地球上水资源的总量与分类；我国水资源的总量、特点以及水资源紧缺的原因	了解	3
		2	地下水存在形式、类型和地下水取水构筑物	了解	
		3	河流特征对地表水取水的影响和地表水取水构筑物	了解	
		4	水资源保护的目标和对策、水污染的控制和治理、水源保护与水资源管理	了解	
16	给水排水管网系统概述	1	给水排水系统的分类与组成、给水排水管网系统的组成和各组成部分的功能	了解	3
		2	配水管网布置形成	了解	
		3	排水体制、排水管网布置形成	了解	
		4	给水排水管网系统的规划及与城市规划的关系	了解	
		5	给水排水管网系统的运行管理	了解	
		6	给水排水管道材料和配件	了解	
17	水质工程概述	1	水质和水质指标、水质标准	了解	3
		2	水的主要物理、化学及物理化学处理方法（格栅及筛网、混凝和絮凝、沉淀、气浮、粒状材料过滤、氧化还原和消毒、曝气和吹脱、中和、电解、吸附、离子交换、电渗析、反渗透和纳滤、超滤和微滤）	了解	
		3	水的主要生物处理方法（好氧生物处理方法：活性污泥法、生物膜法、氧化塘等；厌氧生物处理方法）	了解	
		4	水及污、废水处理工艺	了解	
18	建筑给水排水工程概述	1	建筑给水系统、建筑排水系统、建筑消防系统、建筑热水供应系统	掌握	2
		2	小区给水排水及中水系统	掌握	
		3	小区及建筑雨水综合利用	了解	
		4	水景及游泳池给水排水设计	了解	

知识单元		知识点			核心学时
序号	描述	序号	描　述	要求	
19	给排水设备及过程检测和控制概述	1	给水排水通用设备、专业设备的种类和几种典型一体化设备及其工艺流程	了解	2
		2	给水排水工艺过程检测项目和所用仪器设备的种类	了解	
		3	给水排水工艺过程控制方法的分类	了解	
20	水工程施工、经济及法规概述	1	水工程构筑物施工、水工程室外管道施工、水工程室内管道施工	了解	2
		2	水工程设备安装、水工程施工组织	了解	
		3	水工程经济、水工程相关法规	了解	

水质控制知识领域的核心知识单元、学时及知识点　　　　附表 1-4

知识单元		知识点			核心学时
序号	描述	序号	描　述	要求	
1	水质工程导论	1	水的循环	了解	1
		2	水的现状及危机	了解	
		3	水质工程	了解	
2	水质与水质标准	1	水中的污染物	掌握	1
		2	水体的污染与自净	掌握	
		3	水质标准	掌握	
3	水处理方法与原则	1	反应器的基本概念	掌握	2
		2	主要单元处理方法	熟悉	
		3	饮用水处理流程	熟悉	
		4	污水处理流程	熟悉	
		5	水质工程设计与计算的特点、原则和程序	熟悉	
4	凝聚和絮凝	1	胶体的结构及稳定性	熟悉	6
		2	混凝机理以及混凝效果影响因素	掌握	
		3	混凝剂种类及其选用原则	掌握	
		4	混凝动力学	掌握	
		5	混凝过程	掌握	
		6	混凝设施	熟悉	
5	沉淀	1	杂质颗粒在水中的自由沉降和拥挤沉降	熟悉	5
		2	理想沉淀池理论与平流沉淀池	掌握	
		3	非凝聚性颗粒的静水沉淀实验	掌握	
		4	浅池理论与斜板沉淀	掌握	
		5	接触凝聚原理、澄清池及高密度沉淀池	掌握	
		6	辐流沉淀池与固体通量理论	掌握	
		7	气浮原理与气浮池	掌握	

知识单元		知识点			核心学时
序号	描述	序号	描　述	要求	
6	过滤	1	快滤池的构造和工作原理	掌握	7
		2	滤料特点、筛分与滤层性能	掌握	
		3	快滤池运行的控制	掌握	
		4	过滤水力学及过滤去除悬浮物的机理	掌握	
		5	滤层反冲洗水力学	掌握	
		6	滤池反冲洗系统	掌握	
7	吸附	1	吸附现象和吸附模型	掌握	3
		2	活性炭的制备方法、性质及影响活性炭吸附的因素	掌握	
		3	竞争吸附的概念和多组分吸附的评价方法	掌握	
		4	活性炭的吸附与再生	掌握	
		5	水处理过程中的其他吸附剂	了解	
8	氧化还原与消毒	1	氧化剂性质、投加位置与净水作用	熟悉	4
		2	消毒基本原理	掌握	
		3	氯化消毒原理与加氯方法	掌握	
		4	氯化消毒副产物形成规律与控制方法	掌握	
		5	其他种类消毒剂消毒原理与应用	掌握	
		6	预氧化、深度氧化和高级氧化等技术原理和应用	了解	
9	离子交换	1	离子交换剂的种类和性质	掌握	4
		2	离子交换反应的原理与应用	掌握	
		3	离子交换装置和系统的使用方法	掌握	
10	膜滤技术	1	膜的分类与性质	了解	3
		2	各种膜的工作原理及应用	掌握	
		3	膜生物处理技术	掌握	
		4	膜水处理系统及运行方法	掌握	
11	其他处理方法	1	中和法	熟悉	2
		2	化学沉淀法	熟悉	
		3	电解法	熟悉	
		4	吹脱、气提法	熟悉	
		5	萃取法	熟悉	
12	活性污泥法	1	活性污泥法及其污水净化机理	了解	10
		2	活性污泥形态、微生物作用、增殖规律及其影响因素	掌握	
		3	活性污泥的性能指标及反应动力学	掌握	
		4	活性污泥工艺	掌握	
		5	氧转移原理及其影响因素	掌握	
		6	活性污泥的驯化培养、系统运行控制参数及方法	熟悉	
		7	活性污泥法生物脱氮、除磷原理及工艺	掌握	

知识单元		知识点			核心学时
序号	描述	序号	描 述	要求	
13	生物膜法	1	生物膜法的基本概念与基本原理	掌握	5
		2	生物膜的增长及动力学	掌握	
		3	各种生物滤池工作原理及其影响因素	掌握	
		4	生物接触氧化法	掌握	
		5	生物膜处理新工艺	熟悉	
		6	生物膜法处理系统的运行与管理	了解	
14	厌氧生物处理	1	厌氧生物处理基本原理	掌握	5
		2	厌氧微生物生态学	了解	
		3	厌氧生物处理工艺	掌握	
		4	悬浮生长与固着生长厌氧生物处理法	了解	
15	污泥处理、处置与应用	1	污泥的分类、性质与计算	了解	2
		2	污泥浓缩	掌握	
		3	污泥厌氧消化	掌握	
		4	污泥干化、脱水与焚化	掌握	
		5	污泥有效利用及最终处置	了解	
16	典型给水处理系统	1	地面水的常规处理工艺系统	掌握	2
		2	受污染水源水处理工艺系统	掌握	
		3	深度处理工艺	掌握	
		4	水的除臭与除藻	熟悉	
		5	水厂废水及废弃物处理	了解	
17	城市污水处理系统	1	城市污水水质分析	掌握	2
		2	污水处理基本方法与工艺系统选择	掌握	
		3	污水深度处理与再生水利用	熟悉	
		4	污泥处理与处置系统	掌握	
		5	城市污水处理系统设计	熟悉	

水的采集与输送知识领域的核心知识单元、学时及知识点　　　　附表 1-5

知识单元		知识点			核心学时
序号	描述	序号	描 述	要求	
1	泵与泵站基础	1	泵与泵站在给水排水工程中的应用和地位	了解	2
		2	泵的定义及分类	熟悉	
		3	泵与泵站运行管理的发展趋势	了解	
2	叶片式泵	1	离心泵的基本构造与工作原理	熟悉	14
		2	叶片泵的基本性能参数与特性曲线	掌握	
		3	离心泵装置运行工况	掌握	

知识单元		知识点			核心学时
序号	描述	序号	描　述	要求	
2	叶片式泵	4	离心泵机组的使用、维护	掌握	
		5	轴流泵、混流泵及给水排水工程中常用的叶片式泵	了解	
3	给水泵站	1	给水泵站分类与特点	了解	6
		2	泵的选择及附属设施选型	掌握	
		3	水泵机组及管路系统布置	掌握	
		4	泵站水锤的防护和噪声控制	了解	
		5	给水泵站的 SCADA 系统及给水泵站工艺设计	掌握	
4	排水泵站	1	排水泵站的组成与分类	了解	2
		2	污水泵站的工艺特点	掌握	
		3	雨水泵站的工艺特点	掌握	
		4	合流泵站的工艺特点	掌握	
		5	螺旋泵站的工艺特点	了解	
		6	排水泵站 SCADA 系统	了解	
5	地表水资源量评价	1	地球水量储存与循环	熟悉	3
		2	水资源的形成	熟悉	
		3	河流径流计算方法	掌握	
		4	地表水资源量评价	掌握	
		5	可利用地表水资源量估算	掌握	
6	地下水资源量评价	1	地下水资源分类	熟悉	3
		2	地下水资源评价的内容、原则与一般程序	掌握	
		3	地下水资源补给量和储存量计算	掌握	
		4	地下水资源允许开采量计算	掌握	
7	供水资源水质评价与水资源供需平衡分析	1	生活饮用水水质标准与评价	掌握	6
		2	饮用水水源水质评价	熟悉	
		3	其他用水的水质评价	了解	
		4	水资源供需平衡分析典型年法	掌握	
		5	水资源系统的动态模拟分析	掌握	
8	地表水取水工程	1	地表水取水位置的选择	熟悉	4
		2	地表水取水构筑物分类及设计原则	掌握	
		3	固定式取水构筑物构造与设计	掌握	
		4	活动式取水构筑物构造与设计	熟悉	
9	地下水取水工程	1	供水水源地的选择	熟悉	4
		2	管井构造	掌握	
		3	管井和井群的出水量计算	掌握	
		4	管井施工	掌握	
		5	其他取水构筑物构造与水量计算	熟悉	

知识单元		知识点			核心学时
序号	描述	序号	描　述	要求	
10	给水排水管网系统功能和构成	1	给水排水系统的功能与组成	掌握	4
		2	用水量和用水量变化系数	掌握	
		3	给水排水管网系统的功能与组成	掌握	
		4	给水排水管网系统类型与体制	掌握	
11	给水排水管网水力学基础、水力分析和计算方法	1	给水排水管网水流特征	熟悉	6
		2	管道和管渠水力计算	掌握	
		3	水泵与泵站水力特性	熟悉	
		4	给水管网水力特性分析	掌握	
		5	树状管网水力分析	掌握	
		6	管网环方程组水力分析和计算	掌握	
12	给水排水管网工程规划	1	给水排水管网造价及经济分析方法	了解	4
		2	给水排水工程规划原理和工作程序	熟悉	
		3	规划水量计算及管网规划布置	掌握	
	给水管网设计与计算	1	设计用水量计算、流量分配与管径设计	掌握	6
		2	泵站扬程与水塔高度设计	掌握	
		3	给水管网优化设计	熟悉	
		4	给水管网设计校核	掌握	
13	污水管网设计与计算	1	污水设计流量计算	掌握	4
		2	污水管段设计流量计算及管道设计参数	掌握	
		3	污水管网水力计算	掌握	
		4	管道平面图和纵剖面图绘制	掌握	
		5	管道污水处理	了解	
14	雨水管渠设计与计算	1	雨量分析与计算	掌握	4
		2	雨水管渠设计与计算	掌握	
		3	截流式合流制排水管网设计与计算	掌握	
		4	排洪沟设计与计算	熟悉	
		5	排水管网优化设计	了解	
15	给水排水管道材料和附件	1	给水排水管道材料	熟悉	2
		2	给水管网附件	熟悉	
		3	给水管网附属构筑物	熟悉	
16	给水排水管网管理与维护	1	给水排水管网档案管理	了解	2
		2	给水管网监测与检漏	了解	
		3	管道防腐蚀和修复	了解	
		4	排水管道养护	了解	

知识单元		知识点			核心学时
序号	描述	序号	描 述	要求	
17	建筑给水系统及计算	1	给水系统的分类、组成和给水方式	掌握	6
		2	给水管道的布置与敷设	掌握	
		3	增压及贮水设备	掌握	
		4	给水管网的设计流量与水力计算	掌握	
		5	高层建筑给水系统	熟悉	
18	建筑消防系统及计算	1	消火栓给水系统及其设计计算	掌握	6
		2	自动喷水灭火系统及其设计计算	掌握	
		3	其他固定灭火设施	熟悉	
		4	高层建筑消防给水系统	掌握	
19	建筑排水系统及计算	1	建筑排水系统的分类和组成	掌握	6
		2	排水管道的布置与敷设	掌握	
		3	污、废水提升和局部处理	掌握	
		4	排水管系中水气流动规律与水力计算	掌握	
		5	建筑雨水排水系统	掌握	
		6	雨水内排水系统中的水气流动规律与水力计算	掌握	
20	建筑热水供应系统及计算	1	热水供应系统的分类、组成和供水方式	掌握	6
		2	热水供应系统的热源、加热设备和贮热设备	掌握	
		3	耗热量、热水量和热媒耗量的计算	掌握	
		4	热水管网的水力计算	掌握	
		5	高层建筑热水供应系统	掌握	
21	小区给水排水工程、中水工程、雨水利用工程	1	小区给水排水系统	掌握	6
		2	建筑中水系统及处理工艺	掌握	
		3	雨水利用工程	掌握	
		4	特殊建筑给水排水工程	了解	
22	建筑给水排水设计程序、施工验收及运行管理	1	建筑给水排水设计程序和要求	掌握	2
		2	建筑给水排水工程施工验收	熟悉	
		3	建筑给水排水设备的运行与管理	了解	

水系统设备仪表与控制知识领域的核心知识单元、学时及知识点 附表 1-6

知识单元		知识点			核心学时
序号	描述	序号	描 述	要求	
1	常用材料	1	金属材料基本性能	掌握	4
		2	无机非金属材料基本性能	熟悉	
		3	高分子材料的性能	了解	
		4	常用塑料和橡胶的性能	熟悉	
		5	复合材料的性能特点	熟悉	

知识单元		知识点			核心学时
序号	描述	序号	描　　述	要求	
2	材料设备的腐蚀、防护与保温	1	腐蚀与防护基本原理	掌握	4
		2	材料设备的腐蚀与防护技术	熟悉	
		3	设备保温构造及技术	熟悉	
3	设备设计、制造加工理论基础	1	容器应力理论基础	熟悉	4
		2	机械传动的主要方式	熟悉	
		3	机械制造工艺基础	熟悉	
		4	热量传递与交换理论基础	了解	
4	容器(塔)设备	1	法兰	掌握	2
		2	支座	了解	
		3	安全附件工作原理	熟悉	
5	给水排水专用及通用设备	1	机械搅拌设备结构及其工作原理	掌握	6
		2	表面曝气设备的基本构造及原理	了解	
		3	鼓风曝气设备的基本构造及原理	掌握	
		4	换热设备功能、构造和特点	熟悉	
		5	污泥浓缩与脱水设备的构造与工作原理	掌握	
		6	常用计量和投药设备结构及工作原理	掌握	
		7	分离设备的构造和工作原理	熟悉	
6	自动控制基础知识	1	自动控制系统概念与构成	了解	4
		2	环节特性、过渡过程及品质指标	了解	
		3	自动控制系统基本方式	熟悉	
		4	双位逻辑系统	熟悉	
7	给水排水自动化常用仪表与设备	1	检测技术	了解	3
		2	典型水质检测仪表	了解	
		3	水质自动监测系统及在线检测仪表	熟悉	
		4	可编程控制仪表及执行设备	熟悉	
8	水泵及管道系统的控制调节	1	水泵-管路双位控制系统	熟悉	4
		2	水泵调速控制	掌握	
		3	恒压给水系统控制技术	掌握	
		4	污水泵站组合运行系统	了解	
		5	给水监控与调度系统	了解	
9	水处理系统控制技术	1	混凝投药单元控制技术	掌握	5
		2	沉淀池运行控制技术	熟悉	
		3	滤池控制技术	熟悉	
		4	氯气自动投加与控制技术	熟悉	
		5	污水处理厂参数检测与过程控制	熟悉	

知识单元		知识点			核心学时
序号	描述	序号	描　述	要求	
1	土石方工程与地基处理	1	土的工程性质及分类	熟悉	2
		2	土石方平衡与调配	熟悉	
		3	土石方开挖与沟槽支撑	掌握	
		4	地基处理	了解	
		5	土方回填	掌握	
2	施工排水	1	明沟排水	熟悉	1
		2	人工降低地下水位	掌握	
3	钢筋混凝土工程	1	钢筋工程	掌握	3
		2	模板工程	掌握	
		3	普通混凝土工程	掌握	
		4	混凝土工程的特殊施工	了解	
4	水工程构筑物施工	1	水池施工	掌握	2
		2	沉井施工	掌握	
		3	取水构筑物施工	掌握	
5	砌体工程	1	砌体材料及粘接材料	熟悉	1
		2	砌体工程施工	掌握	
6	室外管道工程施工	1	室外给水管道施工	掌握	2
		2	室外排水管道施工	掌握	
		3	管道的防腐、防震、保温	掌握	
		4	管道附属构筑物施工	掌握	
7	管道的特殊施工	1	管道不开槽施工	掌握	2
		2	管道穿越河流施工	了解	
		3	地下工程交叉施工	掌握	
8	室内管道工程施工	1	管材及管道连接	掌握	2
		2	阀门及仪表安装	掌握	
		3	管道安装	了解	
		4	洁具安装	了解	
9	常用设备及自控系统安装	1	水泵安装	掌握	1
		2	其他设备安装	了解	
		3	容器制作及安装	了解	
10	投资方案评价	1	资金的时间价值	掌握	5
		2	投资方案评价的主要判据	掌握	
		3	投资方案的比较与选择	掌握	
		4	动态分析法	掌握	

知识单元		知识点			核心学时
序号	描述	序号	描　　述	要求	
11	工程项目财务分析	1	项目投资费用与资产	掌握	2
		2	盈利能力分析	掌握	
		3	清偿能力分析	掌握	
		4	外汇平衡分析	熟悉	
12	敏感度和风险分析	1	风险因素和敏感度分析	掌握	1
		2	盈亏平衡及单因素敏感度分析	熟悉	
13	费用效益分析	1	财务评价、国民经济评价和社会评价	熟悉	1
		2	国民经济评价参数、指标及费用效益分析	掌握	
14	设备更新分析	1	设备磨损与更新、设备折旧、设备租赁	掌握	1
		2	设备经济寿命的概念及其计算	掌握	
		3	设备更新方案的评价与选择	熟悉	
15	水工程项目后评价	1	水工程项目后评价内容	熟悉	1
		2	水工程项目运营的后评价内容和方法	熟悉	
16	水工程建设项目投资	1	基本建设程序	熟悉	1
		2	建设项目总投资构成及计算	掌握	
17	水工程项目估算、概预算的编制	1	定额	了解	2
		2	工程量计算	熟悉	
		3	投资估算的编制方法与步骤	掌握	
		4	概算的组成及编制	掌握	
		5	预算的组成及编制	掌握	
18	水工程的运营费用分析	1	运营费用的组成	掌握	2
		2	运营费用的计算	掌握	
		3	给水排水工程收费预测	掌握	

附件二

给排水科学与工程专业实践教学体系中的实践环节、实践单元和知识技能点

实践教学体系中的实践环节和核心实践单元　　　　　附表 2-1

序号	实践环节	核心实践单元
1	实验	大学物理实验
		大学化学实验
		水分析化学实验
		水微生物学实验

序号	实践环节	核心实践单元
1	实验	水力学实验
		泵与泵站实验
		水质工程学实验
2	实习	测量实习
		生产实习
		毕业实习
3	设计（论文）	课程设计
		给水工程、排水工程、建筑给水排水工程毕业设计或科研论文

实验环节的核心实践单元和知识技能点 附表 2-2

实践单元		知识技能点		
序号	描述（最少学时数）	序号	描 述	要求
1	大学物理实验	1	参照物理教学要求	掌握
2	大学化学实验	1	参照化学教学要求	掌握
3	水分析化学实验（10）	1	碱度测定（酸碱滴定法）	掌握
		2	硬度测定（络合滴定法）	掌握
		3	COD测定（氧化还原滴定法）	掌握
		4	溶解氧测定（氧化还原滴定法）	掌握
		5	铁含量测定（吸收光谱法）	掌握
4	水微生物学实验（16）	1	微生物的形态、特殊结构的观察	掌握
		2	微生物的染色技术及活性污泥观察	掌握
		3	培养基制备、酵母菌计数	掌握
		4	活性污泥中的细菌分离、活菌计数	掌握
		5	生活饮用水中细菌总数测定	掌握
		6	大肠菌群生理生化试验、生活饮用水中大肠菌群测定	掌握
5	水力学实验（14）	1	点压强测量及测压管水头验证	掌握
		2	点流速及流速分布测量	熟悉
		3	文丘里流量计流量系数的校正	了解
		4	伯努利方程的验证实验	掌握
		5	流态分析	掌握
		6	阻力系数测量	掌握
		7	有压管流的流动分析	熟悉
6	泵与泵站实验（2）	1	离心泵流量、扬程、轴功率、转速的测定；离心泵操作方法	掌握

实践单元		知识技能点		
序号	描述（最少学时数）	序号	描　　述	要求
7	水质工程学实验（16）	1	混凝实验	掌握
		2	颗粒自由沉淀实验	掌握
		3	过滤及反冲洗实验	掌握
		4	活性炭吸附实验	熟悉
		5	树脂总交换容量和工作交换容量的测定实验	熟悉
		6	污泥沉降比和污泥指数（SVI）的测定与分析实验	掌握
		7	鼓风曝气系统中的充氧实验	熟悉
		8	加压溶气气浮的运行与控制实验	掌握

实习环节中的核心实践单元和知识技能点　　　　　　　　　　附表 2-3

实践单元		知识技能点		
序号	描述（最少实习周）	序号	描　　述	要求
1	测量实习（1）	1	仪器使用和校验	熟悉
		2	控制网的布设、水平角外业观测、距离测量、四等水准测量、碎部测量	掌握
		3	地形图的识读及应用	掌握
		4	绘制详细的地形图	掌握
2	生产实习（2）	1	水厂实习，包括给水处理基本原理和主要工艺、给水处理构筑物构造情况和主要设备运行情况	熟悉
		2	污水处理厂实习，包括污水处理基本原理和主要工艺、污水处理构筑物构造情况和主要设备运行情况	熟悉
		3	给水排水工程施工现场实习，包括常见施工方案与方法以及主要施工设备名称	熟悉
		4	大型排水泵站实习，包括泵站形式和组成、水泵及辅助系统安装和运行情况	熟悉
3	毕业实习（2）	1	水厂实习，包括给水处理主要工艺和运行原理、工艺各个部分的作用、构筑物各细部构造和设计方法、净水厂设备运行规律、各个岗位规章制度和操作要求	掌握
		2	污水处理厂实习，包括污水、污泥处理主要工艺和运行原理、常见工艺各个部分的作用、构筑物各细部构造和设计方法、污水处理厂设备运行规律、污水处理厂各个岗位规章制度和操作要求	掌握
		3	高层建筑物建筑给水排水工程实习，包括高层建筑物内给水、排水、热水、消防系统的组成、布置和设计方法及相关设备运行原理和运行规律	掌握
		4	举行专题讲座，介绍水系统设计、施工、运行管理等方面的实践知识，加深学生对专业知识理解	熟悉

实践单元		知识技能点		
序号	描述(最少设计周)	序号	描述	要求
1	水泵站课程设计(1)	1	计算流量与扬程	掌握
		2	选择水泵型号与台数,并进行方案比较	掌握
		3	计算水泵基础尺寸、确定泵房内布置形式	掌握
		4	选择辅助设备	掌握
		5	水泵站工艺图纸绘制	掌握
		6	正确运用相关技术规范完成计算说明书	掌握
2	建筑给水排水工程课程设计(1)	1	制订给水方案、排水体制(合流制)	掌握
		2	建筑给水排水系统布置	掌握
		3	给水系统设计计算	掌握
		4	排水系统设计计算	掌握
		5	建筑给水排水平面图和系统图	掌握
		6	正确运用相关技术规范完成说明书和计算书	掌握
3	取水工程课程设计(大作业)(0)*	1	地表水取水构筑物选择	掌握
		2	取水构筑物(含取水泵站)设计计算	掌握
		3	格栅、格网设计计算	掌握
4	给水管网系统课程设计(1)	1	给水量的计算、给水方案的选择	掌握
		2	给水管网系统的布置	掌握
		3	给水管网的平差计算	掌握
		4	绘制给水管网平面图	掌握
		5	绘制等水压线图	熟悉
		6	正确运用相关技术规范完成计算说明书	掌握
5	排水管网系统课程设计(1)	1	排水量的计算、排水体制的选择	掌握
		2	排水管道系统的布置	掌握
		3	污水管道的水力计算	掌握
		4	雨水管道的水力计算	掌握
		5	绘制排水管道平面图和规定管道纵断面图	掌握
		6	正确运用相关技术规范完成计算说明书	掌握
6	水厂课程设计(1)	1	确定设计水量	掌握
		2	给水处理工艺选择	掌握
		3	主要给水处理构筑物及其辅助设备设计计算	掌握
		4	给水处理构筑物平面布置、高程设计	掌握
		5	绘制水厂平面图、高程图和一个单体构筑物工艺图	掌握
		6	完成说明书和计算书	掌握

实践单元			知识技能点		
序号	描述(最少设计周)		序号	描述	要求
7	污水处理厂课程设计(1)		1	确定污水设计水量和处理程度	掌握
			2	污水与污泥处理流程选择	掌握
			3	主要污水处理构筑物工艺计算	掌握
			4	污水处理构筑物平面布置、高程设计	掌握
			5	绘制污水处理厂平面图、高程图和一个单体构筑物工艺图	掌握
			6	完成说明书和计算书	掌握
8	毕业设计(12)**	给水工程设计	1	根据设计题目,搜集文献资料,开展调查研究	掌握
			2	城市给水工程设计方案论证,通过方案的技术经济比较,确定取水、净水厂、泵站、给水管网设计方案	掌握
			3	正确运用工具书和相关技术标准与规范,设计计算和图表绘制;取水构筑物设计计算、净水厂工艺及附属设施设计计算、给水管网平差上机计算、二泵站设计计算、工程估算	掌握
			4	绘制工程设计图纸7张(按A1计)	掌握
			5	编写设计说明书和计算书,外文资料的翻译	熟悉
		排水工程设计	1	根据设计题目,搜集文献资料,开展调查研究	掌握
			2	城市排水工程设计方案论证,通过技术经济比较,确定城市排水管网、污水处理厂、污水泵站设计方案	掌握
			3	正确运用工具书和相关技术标准与规范,设计计算和图表绘制;污水管网和雨水管道水力计算、污水处理厂工艺及附属设施设计计算、污水泵站设计计算、工程估算	掌握
			4	绘制工程设计图纸7张(按A1计)	掌握
			5	编写设计说明书和计算书,外文资料的翻译	熟悉
		建筑给水排水工程设计	1	熟悉建筑条件图和基础资料,根据设计题目搜集并查阅相关的国家及地方现行规范、标准及设计手册、文献资料	掌握
			2	合理确定建筑给水系统、排水系统、热水供应系统及消防系统的设计方案;布置各系统的管道和设备;绘制各系统计算草图并进行设计计算	掌握
			3	进行增压和贮水设施设计计算和设备选型、设备用房(如泵房、水箱间等)设计	掌握
			4	绘制工程设计图纸12张(按A1计)	掌握
			5	编写设计说明书和计算书;外文资料的翻译	熟悉
9	毕业论文(12)**		1	选题背景与意义;研究内容及方法;国内外研究现状及发展概况	了解
			2	利用有关理论方法和计算工具以及实验手段,初步论述、探讨、揭示某一理论与技术问题,具有综合分析和总结的能力	掌握
			3	主要研究结论与展望,有一定的见解	掌握
			4	论文的撰写,外文资料的翻译	熟悉

* 最少设计周为0表示不设置专门设计周。

* * 对于每名学生,只要求完成毕业设计的三个方向之一或毕业论文。

附录：

给排水科学与工程专业
发展战略研究报告

高等学校给水排水工程学科专业指导委员会

目　　录

序　言

　　水是社会和经济可持续发展的命脉。由于水资源短缺和水环境污染加重，人类社会面临着严重的水危机。水已成为我国社会经济发展的重要制约因素。

　　给水排水行业对保障水的良性社会循环、支撑社会经济可持续发展，具有十分重要的战略地位和作用。新中国给水排水行业经过半个多世纪的发展，取得了瞩目的成就，对城市建设和国民经济发展贡献巨大。科学技术对给水排水行业的发展起到了极大的推动作用，我国已形成了相关的学科体系，并在科学理论探索和新技术开发方面获得了大量的成果，有力地保障了我国给水排水行业的可持续发展。

　　给排水科学与工程专业作为给水排水行业高级工程技术人才培养和科技发展的重要支撑，伴随着国家建设与给水排水行业半个多世纪的发展，已具有相当的规模和较高的水平，为给水排水行业建设、科学研究和人才培养等做出了重要贡献。给排水科学与工程专业在发展过程中，内涵逐步丰富，外延不断拓展，已从传统的城市上下水道工程向以实现水的良性社会循环为目标的方向发展。当今给排水科学与工程专业以水的社会循环为研究对象，以水质为中心，研究水质和水量的变化规律，以及相关的工程技术问题，为实现水的良性社会循环和水资源可持续利用提供人才与技术支撑。

　　解决水问题，缓解水危机，必须依靠科技进步和技术创新，加强自主性与原创性的基础理论与应用技术研究，缩小在相关科学技术上与国际先进水平的差距，需要培养一大批给排水科学与工程专业高级工程技术人才，这对我国给排水科学与工程专业建设与发展提出了更高要求。

　　受住房城乡建设部委托，由高等学校给水排水工程学科专业指导委员会（以下简称专业指导委员会）主持开展了给排水科学与工程专业发展战略研究工作。本研究以科学发展观为指导，以国家社会经济发展需求为目标，以保障城市水系统良性社会循环为核心，在广泛调查研究、分析国内外本学科专业发展前沿与人才培养现状基础上，结合我国给水排水行业发展对专业人才需求趋势分析，提出了给排水科学与工程专业建设与人才培养的改革发展思路与政策建议。

概　　述

　　给排水科学与工程专业是高等学校本科专业目录中工学门类土木工程类的四个本科专业之一。该专业原名称为给水排水工程专业，于1952年设立，2006年部分院校将该专业更名为给排水科学与工程。2012年教育部修订颁布的《普通高等学校本科专业目录》(2012年)将"给水排水工程"和"给排水科学与工程"专业名称统一确定为"给排水科学与工程"（专业代码081003）。在研究生教育中，给排水科学与工程本科专业对应"土木工程"一级学科中的"市政工程"二级学科。

　　给排水科学与工程专业作为给水排水行业高级工程技术人才培养和科技发展的重要支撑，专业内涵逐步丰富，外延不断拓展，专业研究对象已从城市基础设施拓展为水的社会循环。专业面临的主要任务已从"以水量为主"转变为"水质水量并重，以水质为核心"。专业基础由力学转变为化学、生物学和水力学，并大量融入现代生物工程、化学工程、材料工程等领域最新成果，不断向高新技术方向发展，形成了具有自身特点的学科专业理论体系和工程技术体系。

一、给排水科学与工程专业的历史沿革

我国高等教育给排水科学与工程专业建设与发展大体分为以下五个阶段。

（一）依附于土木工程，尚未独立设置专业阶段（1952 年以前）

在中华人民共和国成立前及成立初期，我国采用当时的欧美高等教育学科体系，在高等教育中没有独立设置给水排水工程专业或相近专业，有关基本教学内容设在土木工程专业之中。例如当时在哈尔滨工业大学、清华大学、同济大学、唐山铁道学院等几所学校土木工程专业中曾设有"给水工程"、"下水道工程"等课程，将相关内容作为土木工程专业的一个专门化方向。此阶段的高等教育孕育着给水排水工程专业的雏形，为我国早期给水排水工程专业建设和专业教育的发展奠定了基础。

（二）独立设置专业，探索与成长阶段（1952～1965 年）

新中国成立后，国家大规模经济建设对城市给水排水、建筑给水排水和工业给水排水等工程领域的专业人才有很大需求，借鉴当时前苏联的高等教育模式，我国从 1952 年起在高等教育学科专业体系中单独设置了给水排水工程专业，隶属于土木工程学科，同年在哈尔滨工业大学、清华大学、同济大学等高校设立了我国第一批给水排水工程专业。至 20 世纪 50 年代末，全国设有给水排水工程本科专业的学校有：哈尔滨工业大学、清华大学、同济大学、重庆建筑工程学院、湖南大学、天津大学、太原工学院、西安冶金建筑学院、兰州铁道学院等，年招生共 400 余人，1960 年至 1965 年间招生数持续增加，到"文革"前共培养了本、专科生 5000 余人。

20 世纪 60 年代初，哈尔滨建筑工程学院、清华大学、同济大学、湖南大学、天津大学等高校开始培养给水排水工程专业的研究生，但十几年仅培养了研究生 20 余人，这一阶段给水排水工程专业教育主要是培养本科生和大中专生，部分高校还举办了给水排水工程专业的函授教育。

给水排水工程专业在这一阶段得到迅速发展。最初的师资由土木工程专业等转向的少数教师组成，后来逐步培养出由给水排水工程本专业培养的大批专业教师组成。人才培养目标从最初"为土木工程建设培养高级工程技术人才"发展到"为城市和工业企业的给水排水工程建设培养高级工程技术人才"。在教学方面，从前期的基本上照搬前苏联模式，逐步转变为适应我国国情的教学体系。20 世纪 60 年代初，经教育部批准，成立了给水排水工程专业教材编审委员会，推进了全国给水排水工程专业的建设，形成了我国自编的系列教材，教学计划和课程设置等也在不断修订改进。

受当时经济体制和教育体制的限制，该阶段的人才培养强调适应社会主义计划经济的需求，给水排水工程专业教育和教学体制是在计划经济体制的大前提下做调整修改，毕业生按计划分配，强调专业对口。

（三）"文革"期间，专业发展停滞阶段（1966～1976 年）

1966 年"文革"开始，全国高校停止招生。1970～1976 年期间，全国高校废除了高考，从工农兵中推荐大学生，学制为三年。在这个特殊的历史时期，给水排水工程专业发展停滞，但各高校教师仍在困难条件下为给水排水事业发展和人才培养努力工作。针对当时的历史条件，各高校教师自编教材，经常下工厂、下工地进行现场教学。在此期间，培养毕业生近 3000 名。

（四）改革开放，专业恢复建设与发展阶段（1977～1996 年）

该阶段的前期为我国高等教育恢复期。1977 年恢复高考，第一批学生入学。此时的教学条件很不完善，但教师和学生都具有极高的自觉性和积极性，教学效果很好，保证了教学质量。当时，全国设有给水排水工程专业的本科院校仅有 10 余所，年均招生约 600人。随着国家经济建设的发展，特别是改革开放以来，城市基础设施建设发展迅速，对给水排水工程专业教育规模和教育质量提出了更新更高的要求。1978 年，恢复给水排水工程专业教材编审委员会后，即组织编写了《有机化学》、《给水排水物理化学》、《水分析化学》、《水处理微生物学》、《水泵与水泵站》、《给水工程》、《排水工程（上、下册）》、《室内给水排水工程》和《给水排水工程施工》等一系列专业基础课和专业课统编教材，为保证专业人才培养质量起到了积极的推动作用。

20 世纪 80 年代中期开始，与国家改革开放的形势和迅速发展的经济建设相适应，给水排水工程专业也得到了快速发展。一些学校给水排水工程专业由专科升为本科。同济大学和哈尔滨建筑工程学院相继被批准设置与给水排水工程本科专业对应的市政工程学科博士学位授权点。20 世纪 80 年代末，设有给水排水工程本科专业的院校发展到 30 余所，年招生近 2000 人；一批院校被批准设置市政工程学科硕士学位授权点；拥有博士学位授权点的学校也逐渐增加。

1989 年，根据教育部统一部署，"给水排水工程专业教材编审委员会"更名为"全国高等学校给水排水工程专业指导委员会"，由城乡建设环境保护部领导。指导委员会组织制订了《给水排水工程专业四年制本科教育的培养目标和基本规格》，提出了《给水排水工程专业毕业设计（论文）评估意见》以及《四年制本科毕业设计（论文）教学基本要求》等一整套毕业设计评估工作文件，在哈尔滨建筑工程学院进行试点的基础上，组织了毕业设计评估；组织制订了《主要专业基础课程和专业课程的教学基本要求》。这一系列卓有成效的工作，有力地促进了我国给水排水工程专业建设和发展。1996 年，设置给水排水工程专业的院校达到 50 余所，年招生（专科和本科）近 5000 人。

在专业教育内容与课程设置方面，这一阶段的早期仍以传授水的"给"和"排"知识为主，即主要关注水量和水输送问题，水处理方面的内容相对薄弱，这与当时我国该领域的技术发展水平和社会需求是基本适应的。由于高层建筑发展迅速，部分学校比如重庆建筑工程学院，开设了高层建筑给水排水工程课程。随着我国水质问题的日益突出和相关科学技术的发展，对专业人才知识结构的需求也在发生变化，该阶段后期对给水排水工程专业人才培养方案改革的要求越来越迫切。

（五）专业教育改革深化，专业建设全面发展阶段（1996～2012 年）

随着我国和世界科技的迅速发展，新兴学科、边缘学科和高新技术层出不穷，尤其是在全球性的水污染严重等问题突出的背景下，给水排水工程的主要矛盾也由"水量问题为主"向"水量水质矛盾并重、水质问题突出"转变。给水排水行业的内涵及外延已远非传统的给水排水工程所能覆盖，为之服务的高等教育人才培养方式与课程体系的变革是历史必然。面向新需求，以社会主义市场经济及学科发展内在规律为导向，积极进行给水排水工程专业教育改革十分必要。为此，自 1996 年以来，在指导委员会的统一指导下，相关高校在专业人才培养目标、专业学科体系建立与完善、课程体系与教材建设等方面，进行了一系列深入研究和改革实践。通过改革，形成了一套新的给水排水工程人才培养体系，并于 1999 年制订颁布了《给水排水工程专业人才培养方案和教学基本要求》。这一新体系拓宽了专业口径和服务领域，完善和优化了学生的知识能力结构，强化了工程意识和工程训练，有利于全面提高学生素质、更好地培养学生的创新意识和自主学习能力，更好地适应了社会经济发展和技术进步对人才的需求。

这一时期，伴随我国社会经济的快速发展，给水排水行业发展迅猛，对专业人才数量的需求迅速增加，进而使给水排水工程专业得到持续、稳定、迅速的发展。全国设有给水排水工程专业的高校数量不断增加。

为了适应实行执业注册工程师制度的需要，2003 年我国建立了给水排水工程专业教育评估制度，构建了科学的专业教育质量评价体系。各高校积极响应并参加评估，通过专业教育评估，实现了以评促建，进一步明确了专业教育定位和人才培养目标；高校与行业共同进行专业教育质量评价的方式，极大地提高了专业教育质量，有力地促进了专业教育的发展。从 2004 年开展专业教育评估工作至 2012 年，全国给水排水工程专业已经通过专业教育评估的学校共计 29 所：哈尔滨工业大学、清华大学、同济大学、重庆大学（以上学校初评时间 2004 年，下同）；西安建筑科技大学、北京建筑工程学院（2005 年）、华中科技大学、湖南大学、河海大学（2006 年）；兰州交通大学、南京工业大学、广州大学、安徽建筑工业学院、沈阳建筑大学（2007 年）；长安大学、桂林理工大学、武汉理工大学、扬州大学、山东建筑大学（2008 年）；苏州科技学院、四川大学、武汉大学、青岛理工大学、吉林建筑工程学院、天津城市建设学院（2009 年）；浙江工业大学、华东交通大学（2010 年）；昆明理工大学（2011 年）；济南大学（2012 年）。

2011 年，为更好地加强学生实践能力的培养，教育部启动了"卓越工程师培养计划"。哈尔滨工业大学、同济大学、西安建筑科技大学、长安大学的给水排水工程（给排水科学与工程）专业第一批开始了卓越计划试点工作。2012 年，重庆大学、山东建筑大学、安徽建筑工业学院的给水排水工程（给排水科学与工程）专业第二批进入卓越计划试点。

为了更好地反映水的社会循环的整体概念和科学与工程融合的学科发展特点，经指导委员会多年研究，反复论证，提出了将专业名称更改为"给排水科学与工程"的建议；报经教育部批准，从2006年起部分院校陆续以"给排水科学与工程"专业名称招生。2012年，教育部颁布了《普通高等学校本科专业目录》（2012年），将"给水排水工程"（080705）专业更名为"给排水科学与工程"（081003）专业。随着《给排水科学与工程本科指导性专业规范》的颁布与实施，学科专业将进入一个新的发展时期。

二、给排水科学与工程专业的现状及教育改革

（一）专业办学规模

根据教育部的统计，截至2011年，全国有122所高校(155个专业办学点)开设给排水科学与工程(给水排水工程)本科专业，2011年毕业生7828人，招生10744人，在校生38161人。

（二）近年专业教育改革进程

1996年，由指导委员会和全国城镇供水排水协会共同组织的"水工业的学科体系建设研究"列入国家"九五"科技攻关计划，研究中提出了以城市给水排水为主、具有公用事业性质的给水排水行业发展为水工业的设想，并把给水排水工程专业教育及水工业对人才培养的需求列为其中一项重要研究内容。结合该项攻关课题的研究，1996年12月，指导委员会在天津召开了有全国40多所相关高校参加的第二届第三次(扩大)会议，会议统一了对专业改革必要性的认识。从此在指导委员会的组织下，开始了我国给水排水工程专业教学改革的历史进程。

1997年5月，在西安召开的指导委员会第二届第四次(扩大)会议上，对"水工业的学科体系建设研究"课题的研究内容进行了热烈讨论，初步明确了给水排水工程专业改革的基本方向。会议指出，几十年来，给水排水工程专业为国家培养出了大批高级专门人才，在国民经济中发挥了重要作用，社会对给水排水工程专业人才的需求保持长盛不衰。但是，当今给水排水行业所面临的是全球性水资源短缺、水污染严重、城市和工业发展、高层及超高层建筑等对水质水量要求不断提高的挑战。为适应这种挑战，给水排水工程专业需要在专业内涵和外延方面进一步拓展。

1998年10月，在宁波召开的指导委员会第三届第一次(扩大)会议上，提出了深化教育教学改革的工作重点，即调整拓宽现有给水排水工程专业教育内涵、更好地为我国给水排水行业发展服务。会议认为：给水排水工程专业改革的背景，一是适应社会主义市场经济体制建立的需要，拓宽专业口径，增强人才的适应能力；二是传统的给水排水工程专业的教学体系很难适应社会发展对人才的需求。适应我国水工业发展的给水排水工程专业应以水的良性社会循环为主线，包括水的开采、加工、输送、回收与再生回用和可持续利用等方面。调整后的专业教学体系应以水化学、水处理生物学、水力学为学科基础。培养的

学生应具有以下专业知识结构，即水处理工艺知识、水资源与管网知识、水工业经济知识、有关的工程知识和机电、仪器仪表、计算机与自动控制等高新技术知识，能从事水工业的规划、设计、施工、管理、教育及研究开发等方面的技术工作。水的社会循环是一个统一的整体，现行的给水排水工程专业将给水与排水相分离，这是新旧专业教学体系的一个重要差别。新的专业课程体系应将水与废水相统一，改变传统的按服务对象设置课程的方式。

1999 年 6 月，指导委员会在武汉召开了第三届第二次（扩大）会议，全国 47 所高校给水排水工程专业的负责人参加了会议。会议提出了新的《给水排水工程专业人才培养方案》，明确专业培养目标是"培养适应我国社会主义现代化建设需要，德、智、体全面发展、基础扎实、知识面宽、能力强、素质高、有创新意识，能在水的开采、加工、输送、回收与再生利用这一可持续发展的社会循环中，从事水工艺与工程规划、设计、施工、运营、管理、教育和研究开发等方面工作的高级工程技术人才"。围绕这一目标，会议确定了给水排水工程专业的 10 门专业主干课程，修改完善了课程体系，确定了 13 门公共基础课、18 门专业/技术基础课、6 门专业课、多门选修课以及实践环节等，从而形成了全新的专业教学体系框架。指导委员会还讨论了与新的培养方案配套的教材建设问题。

2000 年 10 月，指导委员会承担了教育部"新世纪高等教育教学改革工程"立项项目（编号 1282B09041）——给水排水工程专业课程体系改革、建设的研究与实践，该项目提出改革的核心问题是按照先进的教学理念，在制订给水排水工程专业培养方案、确立本专业新的培养目标和基本框架的基础上，对课程进行整合、重组、增设，构建以水工艺与工程为主线的课程体系；建立相应的教材体系，编写出版教材；提出教学改革实施方案，按新的培养方案进行人才培养实践。该项目进一步推动了本专业的改革。

此后几年中，围绕上述改革任务开展了一系列研究与实践活动，包括各校陆续修改教学计划方案、调整课程体系、编写出版系列教材、课程教学实践与研讨等。指导委员会按照分类指导原则，鼓励各高校突出专业特色，通过培养方案的逐步实施及课程体系的逐步完善，使给排水科学与工程（给水排水工程）专业改革进一步深入，形成完整、科学、系统的给排水科学与工程（给水排水工程）专业的教学体系，并通过有计划的交流研讨使之不断完善。

指导委员会在组织编写《给水排水工程专业发展战略研究报告》的同时，开展了《专业规范》的编制工作，随着《专业规范》的颁布施行，我国给排水科学与工程专业将进一步步入规范化办学的轨道。

（三）改革的主要成果

迄今为止，专业改革取得的主要成果有：

（1）在专业培养方案中，贯穿了以水质为核心的主导思想，专业内涵有了进一步发展，融入了相关的社会和科技发展新成果；在优化教学内容的基础上，通过整合、重组、增设，建立了以 10 门主干课为核心的新课程体系；加强了化学、生物学基础，对水质工程、水资源、管道系统、建筑给水排水等主干课程进行了整合与充实，增加了设备、自动化、经济、管理等方面的课程；强化了实践教学环节，使毕业生能在本专业领域内形成适合社会需求的较完整的知识结构，具有较扎实的基础知识、较强的实践能力和良好的社会适应性。

（2）为了更好地反映水的社会循环的整体概念和科学与工程融合的专业发展特点，经教育部批准，部分院校"给水排水工程"专业的名称从 2006 年起陆续更名为"给排水科学与工程"。由于专业改革的推动，2012 年教育部颁布《普通高等学校本科专业目录》（2012 年）中，给水排水工程专业正式更名为给排水科学与工程专业。

（3）完成了包括 10 门主干课在内的 17 门主要课程教学基本要求的制订（修订）工作。这些成果以《全国高等学校土建类专业本科教育培养目标和培养方案及主干课程教学基本要求——给水排水工程专业》一书正式出版（中国建筑工业出版社，2004 年）。

（4）进行了以主干课教材为核心的教材建设，专业指导委员会推荐教材 33 部。"十五"期间有 20 部教材出版，有 1 部教材获得全国普通高等学校优秀教材二等奖，有 4 部教材被列入普通高等教育"十五"国家级规划教材选题，有 16 部教材被列入普通高等教育土建学科专业"十五"规划教材选题，新的教材体系初步形成。"十一五"期间又对部分教材进行修订再版，包括列入"十一五"国家级规划教材 7 部、土建学科"十一五"规划教材 13 部。"十二五"初期，又列入"十二五"国家级规划教材两部、土建学科"十二五"规划教材 16 部。

（5）新课程体系在实践中进一步完善。近年来，各院校分别从课程体系改革实践、新教学计划的制订与实践、各门课程的整合与教学实践以及课程设计、专业实习、毕业设计和实验课等实践环节的改革与实践等不同侧面，对新培养方案及新课程体系的实施进行了广泛的研究，完成论文集 1 部，包括研究报告 64 篇。

（6）针对新的课程体系，开展系列课程教学研讨会。为了提高新增或整合课程的教学水平，尤其是更好地把握新编教材的内涵，由指导委员会组织、教材主编单位承办了"水质工程学"、"给水排水管网系统"、"建筑给水排水工程"等 11 门课程教学研讨会，对深化专业教学改革，进一步提高教学质量，起到了重要作用。

（7）为了提高毕业设计的整体水平，开展本科生优秀毕业设计（论文）评选活动。指导委员会制订了《本科生优秀毕业设计（论文）评选办法》，自 2007 年以来已开展了 3 届评选活动（共评选出 47 项）。各高校积极参与此项活动，在会上进行了广泛交流，促进了毕业设计质量的提高。

（8）指导委员会制订了《关于开展本科生科技创新活动的意见》及《优秀科技创新项目评选办法》，对开展本科生科技创新活动的意义目的、基本原则、活动内容、评选办法及相关问题作了规定。通过开展此项评选工作，为提高本科生的科技创新能力起到了积极的推进作用。自 2009 年以来，共评出本科生优秀科技创新项目 18 项。

（9）指导委员会积极鼓励本专业教师开展教学研究活动并予以奖励，自 2007 年以来，已开展了 3 届优秀教改论文评选活动，共评出优秀教改论文 30 篇。

以上工作成果的部分内容先后于 2005 年和 2009 年获得了国家及省级教学成果奖励。

三、给排水科学与工程专业的社会需求与发展态势

（一）给水排水行业面临的问题

水是基础性的自然资源和战略性的经济资源。水资源在人类活动和社会经济发展及生态环境平衡中具有重要作用。当前，我国面临着水资源短缺与城市化、工业化进程加速对水的需求量日益增大的矛盾；面临着水污染尚未得到有效遏制、水环境恶化与改善城市人居环境、保证安全供水、提高公共健康水平的要求日益迫切的矛盾。因此，水对我国经济社会可持续发展及对人民健康和社会稳定的影响越来越明显。

1. 水资源短缺

我国是一个水资源短缺的国家，人均水资源量仅相当于世界平均水平的 1/4，且时空分布不均衡，开发利用难度大。全国有 16 个省、区、市人均水资源量低于联合国可持续发展委员会确定的重度缺水线，其中有 7 个属于极度缺水地区。全国 600 多个城市中有 400 多个面临缺水问题。32 个人口百万以上的特大城市中，有 30 个长期受缺水问题的困扰。许多地区存在着地下水超量开采，生态用水不足的问题。随着社会经济的发展，对用水的要求会更高，缺水威胁还可能加重。

2. 用水效率低

在缺水的同时，普遍存在水资源浪费。目前，我国年用水量已达 6000 亿立方米，超过美国的淡水利用量，而美国的经济规模是我国的两倍；日本的经济规模是我国的约 80%，但年均淡水利用量不足我国的 1/6。我国年农业用水量占总用水量的近 60%，但其中超过 1/2 的水量没有得到有效利用。工业万亿元产值用水量约 80 亿立方米，是发达国家的 10~20 倍，水的重复利用率仅为 40% 左右，远低于发达国家的 75%~85% 的水平。全国多数城市自来水管网漏失率为 15% 以上，有的达到 20% 以上。

3. 水环境污染严重

我国污水的年排放总量已达 750 多亿吨，但其中尚有部分污水未经任何处理直接排入江河湖库。据《2011 年中国环境状况公报》，2011 年中国环境状况平稳，但在淡水环境、农村环境方面仍面临巨大挑战。全国地表水水质总体为轻度污染，湖泊富营养化问题突出。长江、黄河、珠江、松花江、淮河、海河、辽河、浙闽片河流、西南诸河和内陆诸河十大水系 469 个国控断面中，Ⅰ 至 Ⅲ 类、Ⅳ 至 Ⅴ 类和劣 Ⅴ 类水质的断面比例分别为 61%、25.3% 和 13.7%。在监测的 200 个城市 4727 个地下水监测点位中，优良—良好—较好水质的监测点比例为 45%，较差—极差水质的监测点比例为 55%。农村环境问题日益显现。我国河流水质污染的主要污染物仍为生化需氧量、化学需氧量、氨氮、石油类和挥发酚等。湖泊的主要污染物是总氮、总磷、生化需氧量、化学需氧量和重金属等。地下水中的污染物质除了常规的铁、锰和氟等超标之外，还有氨氮、砷、硝酸盐等。城市饮用水源的

水质下降，相当多的作为城市供水水源的河流湖库处于不同程度的富营养化水平，藻华频发，藻毒素污染普遍；很多水源检测出几十甚至上百种有机物，持久性有毒有害物质、内分泌干扰物质不断被发现；生物污染在不同地区和不同季节成为重要的水源水质问题。

4. 饮用水安全问题突出

由于水源的污染，以及普遍采用传统净水工艺和输送储蓄过程中受到二次污染等多方面的原因，我国许多城市的饮用水水质缺乏安全保障。2001 年卫生部颁布了新的《生活饮用水水质卫生规范》，对水质的检控项目由 1985 年国家标准规定的 35 项增加到 96 项；2005 年建设部颁布的行业标准《城市供水水质标准》达 103 项，2006 年颁布的国家《生活饮用水卫生标准》GB 5749—2006，水质检测项目达 106 项，对饮用水中的有机物、氨氮、藻毒素、消毒副产物和多种有毒有害物质提出了更严格的限定。对照新的饮用水水质标准，还有很多城市的饮用水不能达标。由于缺乏基本的处理措施，农村的饮用水问题更为严重。饮用水水质问题严重地威胁到城乡居民健康和安全，成为亟待解决的重要问题。

5. 水的安全输配技术亟待提高

我国城市人口稠密，截至 2009 年，我国有 185 个城市人口超过 50 万，目前全球超过 50 万人口的城市有四分之一在中国。城市规模不断扩大，与此相对应的城市供水管网规模也越来越大，水厂供水半径大大增加，管网漏失现象普遍，管网漏失严重；管网对水质的影响问题突出，在许多城市输配水系统成为制约供水水质安全的主要因素；此外，多水源调度、区域供水、优化节能等问题也十分突出。随着城市化的高速发展，人居环境的改善，对建筑的二次供水、景观用水、雨水利用、中水处理等输配水技术提出了新要求。各种超高层、大体量的大型公共、商业、地下建筑以及包括地铁、隧道等交通枢纽工程的发展，对消防给水技术提出了许多挑战。

综上所述，水已成为制约我国社会经济可持续发展极为重要的因素。面对水资源的短缺与水环境严重污染以及社会发展对水的需求，给水排水行业呈现以下的发展趋势：开发与应用经济高效的水污染控制新工艺、新技术，提高城市和工业废水的处理效能；开辟利用新的非传统水资源，包括污水的再生回用、雨洪水的储蓄利用、海水（苦咸水）的淡化利用；开发与实施各类建筑的节水减排新技术、建筑消防安全保障措施等，通过解决水质问题实现水资源的可持续利用，研发各种节水技术和装置，推广水的循序利用、循环回用和分质利用的工程措施，提高水资源的利用效率，缓解资源型缺水、水质型缺水等矛盾；研究饮用水安全保障技术和安全输配技术以及提高水质的关键技术，以满足城乡居民对饮用水水质安全的迫切需要。

（二）给排水科学与工程专业的发展特征

我国给水排水行业在半个多世纪的发展历程中，不断适应国家经济建设、社会发展和人民生活水平提高的需求，行业内涵发生了很大变化，行业服务对象从城市基础设施建设，扩大到水社会循环的整个过程和各个环节；行业任务从主要解决城市和工业用水的供给和排放，即以满足"量"的需求为主，转变为以改善水质为中心、水量与水质问题并重，满足实现水的良性社会循环的目标。作为为行业发展提供技术和人才支撑的给排水科学与工程专业，专业的科学基础则相应地由力学转变为生物学、化学和水力学；并且在大量吸收现代生物工程、化学工程和材料工程等领域最新成果的基础上，不断向高新技术方向发展，专业领域的科学技术水平得到前所未有的快速发展和提高。近年来给排水科学与工程专业的发展呈现出以下主要特征。

1. 水环境污染和水资源短缺导致专业内涵的变化

由于水环境污染，水中存在种类众多的微量持久性有机物、内分泌干扰物、藻毒素、微生物等复杂的污染物质，常规水净化工艺难以有效去除，严重影响饮用水水质；由此导致的消毒副产物成为影响饮用水卫生安全的重要隐患，因此微污染水处理技术的系统研究及其规模化推广应用已成为重点任务，与此密切相关的还有出厂水的化学和生物稳定性、输配水系统的二次污染防治和安全控制等问题。电子工业、超高压锅炉、医药制剂等行业对高纯度水质的要求，对水处理技术也是严峻的挑战。在污水处理方面，尽管生活污水、高浓度工业废水治理技术和工程应用已经日趋成熟，但随着国家对污水排放标准和地表水环境质量标准要求的提高，氮、磷等营养性物质的经济稳定高效去除仍是目前关注的热点之一。污废水及其中污染物的资源化利用也得到高度重视。面对这些行业问题与需求变化，给排水科学与工程专业的内涵，由原来水的供给及排放，转化为以水质安全为核心的水的良性社会循环。这种变化促进了给排水科学与工程专业教学体系与课程体系的改革。

2. 以改善水质为目的，新工艺、新材料的发展导致专业方向的变化

水质问题的日益突出，使得给排水科学与工程领域的传统技术和工艺难以满足水质改善的需要，促使新工艺不断涌现。为适应处理微污染原水的需要，净水处理已从常规的沉淀澄清、过滤和消毒工艺逐渐发展为包括预处理、强化常规处理、深度处理、安全消毒的工艺体系，所采用的单元技术也有了重大的变化和进步，以膜技术为核心的水处理技术得到快速发展。污水处理工艺技术得到迅速发展。当前生物技术、膜技术、高级氧化技术和生态工程技术主导了水处理工艺技术的发展方向。新工艺迅速发展的同时，新材料在水处理领域也得到广泛应用。新工艺、新材料的发展与应用，拓宽了专业知识面，对专业知识体系的建立或更新提出了更高的要求，由此带来专业知识体系的变革导致专业方向的多元化。

3. 高新技术的发展成为专业发展的新增长点

当今给水排水工程设施已不局限于传统的土木结构型，设备型和设备集成型得到很大的发展，机电设备在整个工程投资中的比例不断加大，设备集成的技术含量不断提高，同时电子技术、信息技术、仿真模拟技术和自动控制技术在给水排水工程中得到了广泛应用。给水排水工程设施的设备化、集成化，检测手段的仪表化、实时化，运行控制的自动化、智能化和工程设计的模块化、数字化已经成为行业发展的趋势和给排水科学与工程专业发展新的增长点。

（三）给水排水行业的人才需求

伴随国家经济与城镇建设的发展、科学技术的进步，给水排水行业的技术高速发展，规模快速增加，这对给排水科学与工程专业人才在数量上与质量上都提出新的要求。

给排水科学与工程专业毕业生就业面较为广泛，可从事的工作领域包括与用水和废水相关的城市建设、工矿企业的工程规划、设计、施工、运营、管理、教学、科学研究等，人才需求旺盛。根据《2009 年中国大学生就业报告》（作者：麦可思中国大学生就业研究课题组，社会科学文献出版社，2009 年 6 月出版）的统计，2008 年给水排水工程（给排水科学与工程）专业毕业生毕业半年后的就业率为 95％，在全国高校各专业中排名第 6。在《2011 年中国大学生就业报告》中，2010 年给水排水工程（给排水科学与工程）专业毕业生毕业半年后的就业率更进一步提升到 96.1％，在全国高校各专业中排名提升至第 4。在《2012 年中国大学生就业报告》中，2011 年给水排水工程（给排水科学与工程）专业毕业生毕业半年后的就业率为 94.6％，排名为第 29。

需要指出的是，在全国几百个专业中，虽然给排水科学与工程专业仍是高就业率、需求旺盛的专业之一，但是这种排名变化值得引起关注。近年来，我国设立给排水科学与工程（给水排水工程）专业的高等院校专业点快速增加，从 2006 年的 112 个增加至 2011 年的 155 个，需要注意专业办学规模增长过快的问题，宜保持专业规模稳步适度增长。

除了对给排水科学与工程专业技术人才数量上的要求外，更重要的是质量上的要求。随着城市化进程的加快，水资源可持续利用的规范化，城市水厂和污水处理厂运行控制自动化程度的提高，对给水排水行业人才素质的要求也越来越高。但是目前专业技术人员中高素质、高层次人才总量不足，不适应行业发展的需要。在人才培养方面，一些给排水科学与工程专业办学历史较长的学校办学资源充沛、师资力量较强，经过近年的改革，人才培养质量得到显著提高，适应了行业发展的需要。但是有些学校、特别是一些新办给排水科学与工程专业的学校，办学理念还有待更新、办学条件还有待提高，尤其是专业师资队伍亟待加强。

四、给排水科学与工程专业教育改革思路

给水排水行业在国民经济和社会发展中起着十分重要的作用，水的良性社会循环已成为保障各行业发展的重要支撑。作为为给水排水行业发展提供技术和人才支撑的给排水科学与工程专业，目前已形成了具有自身特点的、独立的学科理论体系和专业教育体系。但是为适应我国给水排水行业快速发展的迫切需求，还需要在以下几个方面加强给排水科学与工程专业改革与建设。

（一）跟踪行业发展，不断完善培养方案与课程体系

随着国家可持续发展战略的实施、和谐社会的构建以及节能减排、节约型社会、循环

经济等措施的实施，给水排水行业正在快速发展。面临新的形势，给排水科学与工程专业应在已取得的专业教育改革成果的基础上，开阔视野，把握专业发展方向和社会需求变化，总结吸收近年来专业建设的新成果，进一步加快知识更新步伐，构建更为完善的专业人才培养知识体系；及时跟踪给水排水行业的发展，不断完善培养方案与课程体系；加强与充实相关基础课程的教学内容，加快专业课程教学内容的更新与整合，开设适应行业发展的新课程，培养适应社会需求的专业人才。

根据行业发展的要求，给排水科学与工程专业人才所应具备的业务知识分为四个层面：基础理论与知识、专业理论与知识、工程相关知识以及扩展性知识。这四个知识层面，各自包含了若干知识领域，而不同的知识领域又由特定的知识单元构成；这四个知识层面具有相对的独立性，它们反映了工程技术高级人才所应具备的基本知识框架，而专业知识领域代表着专业的基本特征，尤其是其中的知识单元，随着专业的发展、科学技术的进步和专业服务领域的发展，不断地变化。

给排水科学与工程专业的教育过程应当涵盖上述各类知识层面，形成基本的、比较完整的知识体系。其次，对不同培养目标定位的学校，各知识领域广度和深度的侧重可以有所区别，对学生掌握、了解不同知识单元的程度要求也应有所不同，应根据自身的办学特点和人才培养的面向，在专业理论的深度与工程知识的侧重方面有不同的取舍，以体现不同培养目标的要求和学校的办学特色。对于研究型高校，可更注重培养学生具备较为厚实的基础理论，更注重专业知识的理论深度与前沿动态；对应用型高校，与工程相关的技术和经济管理知识面则宜更宽，更偏重于应用。在扩展性知识方面，则主要体现行业的发展和科技的进步。

课程体系和教学内容是知识层面的直接体现，也是教育观念和理念的重要反映。给排水科学与工程专业在长期的发展过程中，不断调整人才培养的课程体系和教学内容，以适应社会需求和专业内涵的充实与外延的拓展，尤其是经过近年来的教学改革和课程整合，已经初步形成了新的课程体系和教学内容。今后一个时期，给排水科学与工程专业应根据行业需求的新形势、新任务以及专业发展的方向和趋势，按照专业人才培养基本知识结构的框架，进一步加大课程体系和教学内容改革的力度，通过课程的重组、教学内容的整合和充实、更新，进一步完善课程体系。

《专业规范》是各类学校规范化办专业、加强专业建设的重要依据，在逐步实施过程中，各校需在规范化的基础上进一步突出各自的办学特色，为满足我国给水排水行业各类人才的需求提供保证。

（二）适应社会需求，强化专业实践教学体系

突出创新型人才培养，重视和强化教学实践环节在人才培养中的作用。要在《专业规范》规定基础上，结合卓越工程师培养计划的实施，进一步加强实践教学，并研究如何做好实践环节与理论教学的有机结合。

给排水科学与工程专业实践环节教学主要有以下内容：课程实验、课程设计、认识实

习、生产实习、毕业设计(论文)、创新训练和社会实践等。在抓好理论课程教学的基础上，要大力加强这些实践环节的教学，培养学生的综合解决问题的能力、工程设计能力、技术创新能力和管理能力。

围绕提高学生的实践能力，各校还可以根据自身的办学特色，加强工程经济、项目管理、工程法规、工程伦理道德(社会责任、职业道德、团队精神)等方面的教育；强化学生的社会实践环节；增加设计教育和工程训练(包括工程试验和实践训练)在教学计划中的比例，注重学生实际动手能力和实践技能的培养，积极引导学生参与教师的科学研究；把生产实习、毕业实习与工程实践结合起来；探索把毕业设计(论文)和大学生参加的科研活动、创新性实验以及工程实践活动结合起来，既加强毕业设计(论文)过程，又兼顾学生的就业；各校应该加强实习基地的建设，建立不同类型的实习基地，培养一支工程实践经验丰富的兼职的实践教学指导教师队伍。

加强培养专业教师工程实践能力，是当前各校十分迫切的任务。目前，专业教师队伍在一定程度上存在重科研、轻本科教学；重理论研究、轻工程实践的倾向，部分青年教师直接来自于博士、硕士，自身缺乏工程实践能力，难以承担实践性环节的教学、难以保证指导质量，应引起高度重视。

(三) 建设适应专业规范的给排水科学与工程专业教材体系

我国给排水科学与工程专业已形成相应的教材体系，出版了系列推荐教材，反映了专业课程改革与教材建设的成果。要继续发挥指导委员会的作用，继续重视教材建设，教材建设要在专业规范的指导下开展，要与课程体系的整合、教学内容的更新密切配合。

教材内容要更好地适应经济建设、科技进步和社会发展的需要，更好地适应教学与改革的需要。指导委员会要加强对教材建设组织与指导，及时向主管部门提出教材工作与改革建议，继续做好与出版社的沟通协调；积极开展对已出版教材的评价、评估和推荐工作，开展对规划教材使用后的评优工作。把教材建设作为给排水科学与工程专业建设的重要组成部分，把教材建设与教学改革及科学研究紧密结合起来。

(四) 给排水科学与工程专业创新人才培养模式

创新教育教学方法，探索多种培养方式，形成各类人才辈出、创新人才不断涌现的局面。注重学思结合，倡导启发式、探究式、讨论式、参与式教学，帮助学生学会学习。激发学生的好奇心，培养学生的兴趣爱好，营造独立思考、自由探索、勇于创新的良好环境。适应经济社会发展和科技进步的要求。坚持教育教学与社会实践相结合。开发实践课程，增强学生科学实验、生产实习和技能实训的成效。充分利用社会教育资源，开展各种课外及校外活动。

(五) 根据行业需求和各高校的办学特色，形成分层面、多规格的人才培养体系

我国给排水科学与工程专业在长期的发展过程中，已经形成了研究生、本科生和专科

生三个教育层面的人才培养体系，但也存在着学历、学制和各层面教育不协调、培养目标不甚明确的问题。根据通行的人才培养分类方法，结合给排水科学与工程专业毕业生的服务面向，考虑到当前我国给水排水行业发展和高等教育现状，可将给排水科学与工程专业的人才培养规格分为"研究型"、"应用型"和"技能型"三种类型。各种类型的培养体系应按这三种规格进行构建。

研究型人才培养主要限于研究型大学，这类高校本科生教育相对稳定，其培养体系较为成熟，着力发展学位研究生教育，在专业教学方面具备科研促进教学的条件；应用型人才培养主要限于以教学为主的高校，这类高校的本科生教育要适度发展，其培养体系能显示出学校的办学特色；技能型人才培养主要限于高职教育的高校，其培养体系以满足地方需求为目标，根据行业的发展调整和修订。

应切实转变教育思想，更新观念，树立科学的人才培养质量观，解决人才培养的目标和定位问题。社会对人才的需求从来就是多层面、多规格的。各个层面和不同规格的工程教育都可以有自身的特点。各类学校应按照各自的办学条件、生源状况和所处地区、行业等的实际需求，确定各自的专业发展目标。

进一步发挥指导委员会对专业教育改革的指导作用。通过深入的调查研究，梳理行业发展和就业岗位对毕业生的培养要求，认真分析不同人才培养规格在知识结构、业务素质和实践能力要求方面的共性和差异性，实施分类指导。

（六）构建科学的专业教育质量评价体系，做好专业教育与执业注册工程师制度接轨及评估工作

目前，我国正推行执业注册工程师制度。本科教育应与执业注册工程师制度接轨，以促进教学质量提高，使得专业人才培养更加符合社会需求。应完善教学管理体系及质量评估与监控机制，积极参与教育评估。

构建科学的专业教育质量评价体系，并继续做好专业教育评估工作。在我国高校给排水科学与工程专业大发展的背景下，要把抓好"质量工程"作为专业发展的前提，做好专业教育评估工作，促进专业的规范化建设。通过专业教育评估，以评促建，进一步明确专业教育定位和人才培养目标，促进专业教育的发展。

在今后专业改革与发展过程中，我国给排水科学与工程专业教育应注重加强培养应用型、工程型、复合型人才，并着重培养学生综合解决问题能力、技术创新能力、管理能力和工程设计能力，满足执业注册工程师的要求。

（七）不断加强师资队伍建设

高素质的师资队伍是本专业优质人才培养的关键。如何将骨干教师的科研资源转化为人才培养优势，如何提高青年教师的工程实践能力，提高专业教育质量，是给排水科学与工程专业发展的瓶颈。建设教学团队、开展教学研究、提高青年教师工程实践能力，是加强专业教育的重要基础。探索教师企业培训制度，提高青年教师的工程能力；通过与国际

一流的高校合作及高校间的师资交流等途径，提高师资队伍的整体水平。加强教师职业理想和职业道德教育，增强教师教书育人的责任感和使命感，关爱学生，严谨笃学，自尊自律，以人格魅力和学识魅力教育感染学生。

各校应根据本校专业人才培养模式，制订师资队伍建设长远规划和近期目标，建立吸引人才、培养人才、稳定人才的良性机制，提高教师教学质量和科研水平，通过科学规划，制订激励措施，建设一支整体素质高、结构合理、业务过硬、具有创新精神的师资队伍，以适应专业人才培养及自身发展的需要。

在开设给排水科学与工程专业的学校快速增加的背景下，通过举办课程研讨班、评选优秀教改论文、评选优秀毕业设计(论文)等形式加强专业教学思想、教学内容、教学方法的交流，是培养与提高专业师资水平的一条重要途径。

(八) 增强专业服务社会的能力

树立主动为社会服务的意识，增强社会服务能力，全方位开展服务。推进产、学、研、用结合，加快给水排水科技成果转化，通过各种渠道为各类社会成员提供多层次、多样化服务。开展给水排水科学普及工作，提高公众科学素质。积极参与政府、企业决策咨询。

(九) 加强政府指导作用，政府、行业、学校三位一体办学

给水排水行业具有明显的社会公共事业的性质，是政府行使职能的重要领域。给排水科学与工程专业人才的培养，必须加强政府指导，并接受市场的调节。为了使给排水科学与工程专业人才培养主动适应行业改革与发展的需要，方便快捷地从行业主管部门直接接受指导、获取信息，需研究建立给排水科学与工程专业人才培养与给水排水行业直接联系的渠道，例如，为了全面提高人才培养质量，使给排水科学与工程专业获得行业方面的有力支持，考虑建立有关协会、学会加强对给排水科学与工程专业人才培养的指导与支持的制度；加强国家对给排水科学与工程专业教育的宏观指导与管理。